LE GUIDE DE

Pour convertir rapidement

CONVERSIONS

des mesures impériales

MÉTRIQUES

en mesures métriques

Données de catalogage avant publication (Canada)

Vedette principale au titre :

Le guide de conversions métriques

Nouv. éd.

ISBN 2-7640-0261-0

1. Système métrique - Conversion, Tables de.

QC94.G84 1998   530.8'1   C98-940452-8

LES ÉDITIONS QUEBECOR
7, chemin Bates
Outremont (Québec)
H2V 1A6
Téléphone : (514) 270-1746

© 1998, Les Éditions Quebecor

Bibliothèque nationale du Québec
Bibliothèque nationale du Canada
ISBN 2-7640-0261-0

Éditeur : Jacques Simard
Coordonnatrice à la production : Dianne Rioux
Conception de la page couverture : Bernard Langlois
Infographie : Composition Monika, Québec
Impression : Imprimerie L'Éclaireur

LE GUIDE DE

Pour convertir rapidement

CONVERSIONS

des mesures impériales

MÉTRIQUES

en mesures métriques

LES ÉDITIONS
Quebecor

TABLEAU DES ABRÉVIATIONS DES UNITÉS DE MESURE

Mesures impériales

pouce	po
pied	pi
verge	vg
mille	mi
once	oz
chopine	chop
gallon	gal
livre	lb

Mesures métriques de longueur

millimètre	mm
centimètre	cm
décimètre	dm
mètre	m
décamètre	dam
hectomètre	hm
kilomètre	km

Mesures métriques de capacité

millilitre	ml
centilitre	cl
décilitre	dl
litre	l
décalitre	dal
hectolitre	hl
kilolitre	kl

Mesures métriques de poids

milligramme	mg
centigramme	cg
décigramme	dg
gramme	g
décagramme	dag
hectogramme	hg
kilogramme	kg

Les abréviations de mesures sont invariables et ne sont jamais suivies d'un point.

Le système métrique est décimal. Certains préfixes sont utilisés pour indiquer la quantité (multiple ou sous-multiple de 10), qu'il s'agisse de longueur, de capacité ou de poids.

Ce sont :

Milli	:	unité divisée par	1 000
Centi	:	unité divisée par	100
Déci	:	unité divisée par	10
Déca	:	unité multipliée par	10
Hecto	:	unité multipliée par	100
Kilo	:	unité multipliée par	1 000

POUR CONVERTIR, IL SUFFIT DE MULTIPLIER

Il est très facile de convertir en métrique les unités de mesure impériales. Il suffit de connaître les facteurs de conversion, c'est-à-dire la valeur d'une mesure dans un système par rapport à une autre dans le second système. Ensuite, une simple multiplication donne la mesure désirée.

Par exemple, vous désirez savoir combien il y a de kilomètres dans 3 milles. Vous vous référez au tableau donnant le nombre de kilomètres par mille, puis vous multipliez par 3.

1 pouce	×	25,4	=	25,4	millimètres
1 pouce	×	2,54	=	2,54	centimètres
1 pied	×	304,8	=	304,8	millimètres
1 pied	×	30,48	=	30,48	centimètres
1 pied	×	3,04	=	3,048	décimètres
1 pied	×	0,30	=	0,30	mètre
1 verge	×	0,91	=	0,91	mètre
1 mille	×	1,61	=	1,61	kilomètre
2 pouces	×	25,4	=	50,8	millimètres
2 pouces	×	2,54	=	5,08	centimètres
2 pieds	×	304,8	=	609,6	millimètres
2 pieds	×	30,48	=	60,96	centimètres
2 pieds	×	3,04	=	6,08	décimètres
2 pieds	×	0,30	=	0,6	mètre
2 verges	×	0,91	=	1,82	mètre
2 milles	×	1,61	=	3,22	kilomètres

Et ainsi de suite.

Le système métrique facilite le calcul des mesures, car on passe d'une unité à la suivante en divisant par 10, et d'une unité à la précédente en multipliant par 10.

Par exemple :

1 centimètre = 0,1 décimètre
10 millimètres = 1,0 centimètre
1 centimètre = 10,0 millimètres

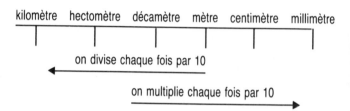

On peut comparer ça à 1 dollar où il y a 10 fois 10 cents ou 100 fois un cent; dans un mètre, il y a 10 décimètres ou 100 fois un centimètre.

FACTEURS DE CONVERSION

Pour convertir des	en	il faut multiplier par
ACRES	pieds carrés	43 560,
	verges carrées	4 840,
	milles carrés	0,00156
	mètres carrés	4 046,856
ARPENTS	pieds	191,820
	verges	63,940
	mètres	58,467
CENTIMÈTRES	mètres	100
	kilomètres	10 000
	pouces	0,3937
	pieds	0,0328
CENTIMÈTRES CARRÉS	pouces carrés	0,115
	pieds carrés	0,00108
CENTIMÈTRES CUBES	pouces cubes	0,06102
CHEVAUX-VAPEUR	livres-pied/ minute	33 000
	BTU/minute	42,42
	BTU/heure	2 546
	ch métriques	1,014
	kilowatts	0,7457
CHOPINES LIQUIDES	onces liquides	16
	pintes liquides	0,5
	gallons	0,125

Pour convertir des	en	il faut multiplier par
	pouces cubes	28,875
	pieds cubes	0,01671
	tasses	2
	millilitres	473,17647
	litres	0,47318
CHOPINES SÈCHES	pouces cubes	33,60031
	pieds cubes	0,01944
	litres	0,55061
GALLONS (US)	litres	3,7853
	gallons impériaux	0,8327
	pintes	4
	onces liquides	128
	mètres cubes	0,00379
	verges cubes	0,00495
	pieds cubes	0,1337
	pouces cubes	231
	millilitres	3 785
GALLONS D'EAU	livres d'eau à 60 °F	8,3453
GALLONS IMPÉRIAUX	livres d'eau à 62 °F	10
	gallons américains	1,201
GRAMMES	onces	0,03527
	livres	0,0022
KILO-GRAMMES	livres	2,20462
	tonnes courtes	0,0011
	tonnes fortes	0,00098

Pour convertir des	en	il faut multiplier par
KILOMÈTRES	tonnes	
	métriques	0,001
	pieds	3 280,8
	milles	0,62137
KILOWATTS	BTU/minute	56,90
	chevaux-vapeur	1,341
	chevaux	
	métriques	1,397
KILOWATTS/ HEURE	BTU	3,413
LIEUES	milles	3
	kilomètres	4,827
LITRES	pieds cubes	0,03531
	mètres cubes	0,001
	verges cubes	0,00131
	onces liquides	33,814
	pintes	1,05669
	gallons (US)	0,2642
	gallons	
	impériaux	0,21998
	pouces cubes	61,02374
LIVRES	onces	16
	grammes	453,59237
	kilogrammes	0,453592
	tonnes courtes	0,0005
	tonnes fortes	0,000446
	tonnes	
	métriques	0,0004536

Pour convertir des	en	il faut multiplier par
LIVRES D'EAU	gallons	0,1198
MÈTRES	millimètres	1 000
	centimètres	100
	décimètres	10
	pouces	39,37
	pieds	3,2808
	verges	1,094
MÈTRES CARRÉS	pieds carrés	10,765
	verges carrées	1,196
MÈTRES CUBES	pieds cubes	35,3145
	verges cubes	1,30795
MILLES	verges	1 760
	mètres	1 609,344
	milles marins	0,869
	pieds	5 280
MILLES CARRÉS	acres	640
	kilomètres carrés	2,589998
MILLES MARINS	milles	1,1508
MILLES/ HEURES	noeuds	0,8684
	milles/minute	0,016667
	pieds/seconde	1,467
MILLES/ MINUTE	noeuds	52,104
	pieds/seconde	88
MILLILITRES	onces liquides	0,0338
	pouces cubes	0,06102
	pouces	0,03937

Pour convertir des	en	il faut multiplier par
NOEUDS	milles marins/ heure	1
	milles/heure	1,1588
ONCES	livres	0,0625
	grammes	28,34952
	kilogrammes	0,2835
ONCES LIQUIDES	chopines	0,0625
	pintes	0,03125
	gallons	0,00781
	pouces cubes	1,80469
	pieds cubes	0,00104
	millilitres	29,57353
	litres	0,02957
	cuillères à thé	6
ONCES/ POUCE CARRÉ	livres/pouce carré	0,0625
	pouces d'eau	1,73
	pouces de mercure	0,127
PIEDS	centimètres	30,48
	milles	0,00019
	kilomètres	0,0003
PIEDS CARRÉS	pouces carrés	144
	verges carrées	0,111111
	mètres carrés	0,0929
	centimètres carrés	929
PIEDS CUBES	pouces cubes	1,728
	mètres cubes	0,028317

Pour convertir des	en	il faut multiplier par
	verges cubes	0,037037
	gallons	7,48
	litres	28,32
PIEDS D'EAU	livres/pied carré	62,42
	livres/pouce carré	0,4335
	pouces de mercure à 0 °C	0,88265
PIEDS/MINUTE	pieds/seconde	0,01667
PIEDS/ SECONDE	milles/heure	0,68182
PINTES LIQUIDES	onces liquides	32
	pouces cubes	57,749
	pieds cubes	0,033421
	millilitres	946,358
	litres	0,946358
PINTES SÈCHES	pouces cubes	67,2006
POUCES	pieds	0,08333
	verges	0,02778
	centimètres	2,54
	mètres	0,0254
POUCES CARRÉS	centimètres carrés	6,452
POUCES CUBES	onces liquides	0,554113
	pintes	0,017316
	gallons	0,004329
	millilitres	16,387064

Pour convertir des	en	il faut multiplier par
PIEDS CUBES D'EAU	livres à 60 °F	62,37
	gallons	7,481
TASSES	ct	48
	cas	16
	onces	8
TONNES COURTES	livres	2 000
	kilogrammes	907,185
	tonnes fortes	0,89286
	tonnes métriques	0,907185
TONNES FORTES	livres	2,240
	kilogrammes	1 016,0470
	tonnes courtes	1,12
	tonnes métriques	1,016
TONNES MÉTRIQUES	livres	2 204,62
	kilogrammes	1 000
	tonnes fortes	0,984206
	tonnes courtes	1,10231
VERGES	centimètres	91,44
	mètres	0,9144
VERGES CARRÉES	mètres carrés	0,836
VERGES CUBES	pieds cubes	27
	mètres cubes	0,76456
WATTS	chevaux-vapeur (ch)	0,00134

TABLEAU DES FRACTIONS DE POUCE ET DE LEUR ÉQUIVALENCE MÉTRIQUE

1/16 po	=	0,159 cm	=	1,59 mm
1/8 po	=	0,316 cm	=	3,16 mm
3/16 po	=	0,476 cm	=	4,76 mm
1/4 po	=	0,635 cm	=	6,35 mm
5/16 po	=	0,794 cm	=	7,94 mm
3/8 po	=	0,952 cm	=	9,52 mm
7/16 po	=	1,111 cm	=	11,11 mm
1/2 po	=	1,270 cm	=	12,70 mm
9/16 po	=	1,429 cm	=	14,29 mm
5/8 po	=	1,588 cm	=	15,88 mm
11/16 po	=	1,746 cm	=	17,46 mm
3/4 po	=	1,905 cm	=	19,05 mm
13/16 po	=	2,064 cm	=	20,64 mm
7/8 po	=	2,223 cm	=	22,23 mm
15/16 po	=	2,381 cm	=	23,81 mm

MILLES (mi)	=	KILOMÈTRES (km)	
1 mi ...	1,609 km	32 mi ...	51,498 km
2 mi ...	3,218 km	33 mi ...	53,107 km
3 mi ...	4,827 km	34 mi ...	54,716 km
4 mi ...	6,437 km	35 mi ...	56,325 km
5 mi ...	8,046 km	36 mi ...	57,934 km
6 mi ...	9,655 km	37 mi ...	59,544 km
7 mi ...	11,265 km	38 mi ...	61,153 km
8 mi ...	12,874 km	39 mi ...	62,763 km
9 mi ...	14,483 km	40 mi ...	64,372 km
10 mi ...	16,093 km	41 mi ...	65,981 km
11 mi ...	17,702 km	42 mi ...	67,591 km
12 mi ...	19,312 km	43 mi ...	69,199 km
13 mi ...	20,921 km	44 mi ...	70,809 km
14 mi ...	22,530 km	45 mi ...	72,419 km
15 mi ...	24,139 km	46 mi ...	74,028 km
16 mi ...	25,749 km	47 mi ...	75,637 km
17 mi ...	27,358 km	48 mi ...	77,246 km
18 mi ...	28,967 km	49 mi ...	78,856 km
19 mi ...	30,577 km	50 mi ...	80,465 km
20 mi ...	32,186 km	51 mi ...	82,074 km
21 mi ...	33,795 km	52 mi ...	83,684 km
22 mi ...	35,405 km	53 mi ...	85,293 km
23 mi ...	37,014 km	54 mi ...	86,902 km
24 mi ...	38,623 km	55 mi ...	88,512 km
25 mi ...	40,236 km	56 mi ...	90,121 km
26 mi ...	41,842 km	57 mi ...	91,730 km
27 mi ...	43,451 km	58 mi ...	93,339 km
28 mi ...	45,060 km	59 mi ...	94,948 km
29 mi ...	46,669 km	60 mi ...	96,558 km
30 mi ...	48,275 km	61 mi ...	98,167 km
31 mi ...	49,888 km	62 mi ...	99,776 km

MILLES (mi)	=		KILOMÈTRES (km)
63 mi ...	101,386 km	90 mi ...	144,837 km
64 mi ...	102,995 km	91 mi ...	146,446 km
65 mi ...	104,605 km	92 mi ...	148,056 km
66 mi ...	106,214 km	93 mi ...	149,665 km
67 mi ...	107,823 km	94 mi ...	151,274 km
68 mi ...	109,432 km	95 mi ...	152,883 km
69 mi ...	111,042 km	96 mi ...	154,493 km
70 mi ...	112,651 km	97 mi ...	156,102 km
71 mi ...	114,260 km	98 mi ...	157,711 km
72 mi ...	115,869 km	99 mi ...	159,321 km
73 mi ...	117,479 km	100 mi ...	160,930 km
74 mi ...	119,088 km	150 mi ...	241,395 km
75 mi ...	120,698 km	200 mi ...	321,860 km
76 mi ...	122,307 km	250 mi ...	402,325 km
77 mi ...	123,916 km	300 mi ...	482,790 km
78 mi ...	125,525 km	350 mi ...	563,255 krn
79 mi ...	127,134 km	400 mi ...	643,720 km
80 mi ...	128,744 km	450 mi ...	724,185 km
81 mi ...	130,353 km	500 mi ...	804,650 km
82 mi ...	131,963 km	1 000 mi ...	1 609,300 km
83 mi ...	133,572 km	1 500 mi ...	2 413,950 km
84 mi ...	135,181 km	2 000 mi ...	3 218,600 km
85 mi ...	136,791 km	2 500 mi ...	4 023,250 km
86 mi ...	138,399 km	3 000 mi ...	4 827,900 km
87 mi ...	140,009 km	3 500 mi ...	5 632,550 km
88 mi ...	141,618 km	4 000 mi ...	6 437,200 km
89 mi ...	143,228 km	5 000 mi ...	8 046,500 km

KILOMÈTRES (km)	=		MILLES (mi)
1 km ...	0,621 mi	32 km ...	19,884 mi
2 km ...	1,243 mi	33 km ...	20,506 mi
3 km ...	1,864 mi	34 km ...	21,127 mi
4 km ...	2,485 mi	35 km ...	21,749 mi
5 km ...	3,107 mi	36 km ...	22,369 mi
6 km ...	3,728 mi	37 km ...	22,991 mi
7 km ...	4,349 mi	38 km ...	23,613 mi
8 km ...	4,971 mi	39 km ...	24,234 mi
9 km ...	5,592 mi	40 km ...	24,856 mi
10 km ...	6,214 mi	41 km ...	25,477 mi
11 km ...	6,835 mi	42 km ...	26,098 mi
12 km ...	7,457 mi	43 km ...	26,719 mi
13 km ...	8,078 mi	44 km ...	27,341 mi
14 km ...	8,699 mi	45 km ...	27,962 mi
15 km ...	9,321 mi	46 km ...	28,584 mi
16 km ...	9,942 mi	47 km ...	29,205 mi
17 km ...	10,564 mi	48 km ...	29,827 mi
18 km ...	11,185 mi	49 km ...	30,448 mi
19 km ...	11,806 mi	50 km ...	31,069 mi
20 km ...	12,428 mi	51 km ...	31,691 mi
21 km ...	13,049 mi	52 km ...	32,312 mi
22 km ...	13,671 mi	53 km ...	32,934 mi
23 km ...	14,292 mi	54 km ...	33,555 mi
24 km ...	14,913 mi	55 km ...	34,176 mi
25 km ...	15,535 mi	56 km ...	34,798 mi
26 km ...	16,156 mi	57 km ...	35,419 mi
27 km ...	16,777 mi	58 km ...	36,041 mi
28 km ...	17,399 mi	59 km ...	36,662 mi
29 km ...	18,020 mi	60 km ...	37,283 mi
30 km ...	18,642 mi	61 km ...	37,905 mi
31 km ...	19,263 mi	62 km ...	38,526 mi

KILOMÈTRES (km)	=	MILLES (mi)
63 km ... 39,147 mi	90 km ...	55,925 mi
64 km ... 39,769 mi	91 km ...	56,546 mi
65 km ... 40,390 mi	92 km ...	57,168 mi
66 km ... 41,012 mi	93 km ...	57,789 mi
67 km ... 41,633 mi	94 km ...	58,410 mi
68 km ... 42,254 mi	95 km ...	59,032 mi
69 km ... 42,876 mi	96 km ...	59,653 mi
70 km ... 43,497 mi	97 km ...	60,275 mi
71 km ... 44,119 mi	98 km ...	60,896 mi
72 km ... 44,739 mi	99 km ...	61,517 mi
73 km ... 45,361 mi	100 km ...	62,139 mi
74 km ... 45,983 mi	150 km ...	93,208 mi
75 km ... 46,604 mi	200 km ...	124,277 mi
76 km ... 47,225 mi	250 km ...	155,347 mi
77 km ... 47,847 mi	300 km ...	186,416 mi
78 km ... 48,468 mi	350 km ...	217,486 mi
79 km ... 49,089 mi	400 km ...	248,555 mi
80 km ... 49,711 mi	450 km ...	279,625 mi
81 km ... 50,332 mi	500 km ...	310,694 mi
82 km ... 50,954 mi	1 000 km ...	621,388 mi
83 km ... 51,575 mi	1 500 km ...	932,082 mi
84 km ... 52,196 mi	2 000 km ...	1 242,776 mi
85 km ... 52,818 mi	2 500 km ...	1 553,470 mi
86 km ... 53,439 mi	3 000 km ...	1 864,164 mi
87 km ... 54,061 mi	3 500 km ...	2 174,858 mi
88 km ... 54,682 mi	4 000 km ...	2 485,553 mi
89 km ... 55,303 mi	5 000 km ...	3 106,941 mi

TABLEAU DE CONVERSION ULTRARAPIDE

mi		km	mi		km
0,621	1	1,609	19,263	31	49,888
1,243	2	3,218	19,884	32	51,497
1,864	3	4,828	20,506	33	53,107
2,485	4	6,437	21,127	34	54,716
3,106	5	8,046	21,748	35	56,325
3,728	6	9,655	22,370	36	57,935
4,350	7	11,265	22,991	37	59,544
4,971	8	12,874	23,613	38	61,153
5,592	9	14,484	24,234	39	62,763
6,214	10	16,093	24,855	40	64,372
6,835	11	17,702	25,477	41	65,981
7,457	12	19,311	26,098	42	67,590
8,078	13	20,921	26,719	43	69,200
8,699	14	22,530	27,341	44	70,809
9,321	15	24,139	27,962	45	72,418
9,942	16	25,749	28,584	46	74,028
10,563	17	27,359	29,205	47	75,637
11,184	18	28,967	29,826	48	77,246
11,806	19	30,577	30,448	49	78,856
12,427	20	32,186	31,069	50	80,465
13,049	21	33,795	31,691	51	82,074
13,670	22	35,404	32,312	52	83,683
14,291	23	37,014	32,933	53	85,293
14,913	24	38,623	33,555	54	86,902
15,534	25	40,232	34,176	55	88,511
16,156	26	41,841	34,798	56	90,121
16,777	27	43,451	35,419	57	91,730
17,399	28	45,060	36,040	58	93,339
18,020	29	46,670	36,662	59	94,949
18,641	30	48,279	37,283	60	96,558

TABLEAU DE CONVERSION ULTRARAPIDE

mi		km	mi		km
37,904	61	98,167	56,546	91	146,446
38,526	62	99,776	57,168	92	148,055
39,147	63	101,386	57,789	93	149,665
39,769	64	102,995	58,410	94	151,274
40,390	65	104,604	59,032	95	152,883
41,011	66	106,214	59,653	96	154,493
41,633	67	107,823	60,274	97	156,102
42,254	68	109,432	60,896	98	157,711
42,876	69	111,042	61,517	99	159,321
43,497	70	112,651	62,139	100	160,930
44,118	71	114,260	93,208	150	241,395
44,740	72	115,869	124,277	200	321,860
45,361	73	117,479	155,347	250	402,325
45,983	74	119,088	186,416	300	482,790
46,604	75	120,697	217,486	350	563,255
47,225	76	122,307	248,555	400	643,720
47,847	77	123,916	279,624	450	724,185
48,468	78	125,525	310,694	500	804,650
49,089	79	127,135	341,763	550	885,115
49,711	80	128,744	372,832	600	965,580
50,332	81	130,353	403,902	650	1 046,045
50,954	82	131,962	434,972	700	1 126,510
51,575	83	133,572	466,041	750	1 206,975
52,196	84	135,181	497,110	800	1 287,440
52,818	85	136,790	528,180	850	1 367,905
53,439	86	138,400	559,249	900	1 448,370
54,060	87	140,009	590,319	950	1 528,835
54,682	88	141,618	621,388	1 000	1 609,300
55,303	89	143,228	1 242,776	2 000	3 218,600
55,925	90	144,837	1 864,164	3 000	4 827,900

TABLEAU DE CONVERSION ULTRARAPIDE

mi		km
2 485,553	4 000 ...	6 437,200
3 106,941	5 000 ...	8 046,500
6 213,882	10 000 ...	16 093,000

TABLEAU DE CONVERSION
DES MESURES DE VITESSE

1 mètre/seconde	=	3,281 pieds/s
1 mètre/seconde	=	2,237 milles terrestres/h
1 kilomètre/heure	=	0,278 m/s
		= 0,912 pied/s
1 kilomètre/heure	=	0,278 m/s
		= 0,622 mille ter./h
1 kilomètre/heure	=	0,278 m/s
		= 0,54 noeud
1 pied/minute	=	0,0114 mille/h
		= 0,0183 km/h
1 pied/minute	=	0,0114 mille/h
		= 0,508 cm/s
1 pied/seconde	=	0,682 mille/h
		= 1,097 km/h
1 pied/seconde	=	0,59 noeud
		= 30,48 cm/s
1 pied/seconde	=	0,59 noeud
		= 0,305 m/s
1 mille/heure (terre)	=	1,609 m/h
1 mille/heure (terre)	=	0,447 m/s
1 noeud (mille marin/heure)	=	1,852 m/h
1 noeud (mille marin/heure)	=	0,514 m/s
1 mille terrestre/h	=	0,868 noeud
1 noeud	=	1,1513 mille terrestre

DIAMÈTRE DES PLANÈTES DU SYSTÈME SOLAIRE

Nom	Diamètre de l'astre	
	milliers de milles	milliers de km
Jupiter	89	143
Mars	4 220	6 791
Mercure	3 100	4 989
Neptune	31 000	49 888
Pluton	2 175	3 500
Saturne	74 500	119 893
Terre	7 927	12 757
Uranus	32 400	52 141
Vénus	7 700	12 392

DISTANCE MOYENNE AU SOLEIL

Nom	Distance moyenne au Soleil	
	milliers de milles	milliers de km
Jupiter	483 881	778 709,69
Mars	141 709	228 052,29
Mercure	36 002	57 938,02
Neptune	2 796 693	4 500 718,00
Pluton	3 669 699	5 905 646,60
Saturne	887 151	1 427 692,10
Terre	93 003	149 669,72
Uranus	1 784 838	2 872 339,70
Vénus	67 273	108 262,43

MESURES NAUTIQUES

Le mille marin, unité de distance utilisée en navigation maritime et aérienne, mesure 1 852 mètres, ou 1,15 mille terrestre.

Le noeud, unité de vitesse, correspond à un mille marin par heure. Un noeud égale 1 852 mètres à l'heure ou 1,1508 mille terrestre à l'heure.

La brasse égale 1,8 mètre ou 6 pieds.

1 852 mètres à l'heure = 0,514 mètre à la seconde.

HAUTEUR EN MÈTRES

3 pi ... 0,914 m	5 pi 7 po ... 1,702 m
3 pi 1 po ... 0,940 m	5 pi 8 po ... 1,727 m
3 pi 2 po ... 0,965 m	5 pi 9 po ... 1,753 m
3 pi 3 po ... 0,991 m	5 pi 10 po ... 1,778 m
3 pi 4 po ... 1,016 m	5 pi 11 po ... 1,803 m
3 pi 5 po ... 1,041 m	6 pi ... 1,829 m
3 pi 6 po ... 1,067 m	6 pi 1 po ... 1,854 m
3 pi 7 po ... 1,092 m	6 pi 2 po ... 1,880 m
3 pi 8 po ... 1,118 m	6 pi 3 po ... 1,905 m
3 pi 9 po ... 1,143 m	6 pi 4 po ... 1,930 m
3 pi 10 po ... 1,168 m	6 pi 5 po ... 1,956 m
3 pi 11 po ... 1,194 m	6 pi 6 po ... 1,981 m
4 pi ... 1,219 m	6 pi 7 po ... 2,007 m
4 pi 1 po ... 1,245 m	6 pi 8 po ... 2,032 m
4 pi 2 po ... 1,270 m	6 pi 9 po ... 2,057 m
4 pi 3 po ... 1,295 m	6 pi 10 po ... 2,083 m
4 pi 4 po ... 1,321 m	6 pi 11 po ... 2,108 m
4 pi 5 po ... 1,346 m	7 pi ... 2,134 m
4 pi 6 po ... 1,372 m	7 pi 1 po ... 2,159 m
4 pi 7 po ... 1,397 m	7 pi 2 po ... 2,184 m
4 pi 8 po ... 1,422 m	7 pi 3 po ... 2,210 m
4 pi 9 po ... 1,448 m	7 pi 4 po ... 2,235 m
4 pi 10 po ... 1,473 m	7 pi 5 po ... 2,261 m
4 pi 11 po ... 1,499 m	7 pi 6 po ... 2,286 m
5 pi ... 1,524 m	7 pi 7 po ... 2,311 m
5 pi 1 po ... 1,549 m	7 pi 8 po ... 2,337 m
5 pi 2 po ... 1,575 m	7 pi 9 po ... 2,362 m
5 pi 3 po ... 1,600 m	7 pi 10 po ... 2,388 m
5 pi 4 po ... 1,626 m	7 pi 11 po ... 2,413 m
5 pi 5 po ... 1,651 m	8 pi ... 2,438 m
5 pi 6 po ... 1,676 m	8 pi 1 po ... 2,464 m

HAUTEUR EN MÈTRES

8 pi 2 po ... 2,489 m		9 pi 2 po ... 2,794 m
8 pi 3 po ... 2,515 m		9 pi 3 po ... 2,819 m
8 pi 4 po ... 2,540 m		9 pi 4 po ... 2,845 m
8 pi 5 po ... 2,565 m		9 pi 5 po ... 2,870 m
8 pi 6 po ... 2,591 m		9 pi 6 po ... 2,896 m
8 pi 7 po ... 2,616 m		9 pi 7 po ... 2,921 m
8 pi 8 po ... 2,642 m		9 pi 8 po ... 2,946 m
8 pi 9 po ... 2,667 m		9 pi 9 po ... 2,972 m
8 pi 10 po ... 2,692 m		9 pi 10 po ... 2,997 m
8 pi 11 po ... 2,718 m		9 pi 11 po ... 3,023 m
9 pi ... 2,743 m		10 pi ... 3,048 m
9 pi 1 po ... 2,769 m		

MESURES DE LONGUEUR

CONVERSION DES PIEDS EN MÈTRES

1 pi ...	0,305 m	60 pi ...	18,288 m
2 pi ...	0,610 m	70 pi ...	21,336 m
3 pi ...	0,914 m	80 pi ...	24,384 m
4 pi ...	1,219 m	90 pi ...	27,432 m
5 pi ...	1,524 m	100 pi ...	30,480 m
6 pi ...	1,829 m	200 pi ...	60,960 m
7 pi ...	2,134 m	300 pi ...	91,440 m
8 pi ...	2,438 m	400 pi ...	121,920 m
9 pi ...	2,743 m	500 pi ...	152,400 m
10 pi ...	3,048 m	1 000 pi ...	304,800 m
20 pi ...	6,096 m	2 000 pi ...	609,600 m
30 pi ...	9,144 m	3 000 pi ...	914,400 m
40 pi ...	12,192 m	4 000 pi ...	1 219,200 m
50 pi ...	15,240 m	5 000 pi ...	1 524,000 m

CONVERSION DES MÈTRES EN PIEDS

1 m ...	3,281 pi	60 m ...	196,850 pi
2 m ...	6,562 pi	70 m ...	229,659 pi
3 m ...	9,843 pi	80 m ...	262,467 pi
4 m ...	13,123 pi	90 m ...	295,276 pi
5 m ...	16,404 pi	100 m ...	328,084 pi
6 m ...	19,685 pi	200 m ...	656,168 pi
7 m ...	22,966 pi	300 m ...	984,252 pi
8 m ...	26,247 pi	400 m ...	1 312,336 pi
9 m ...	29,528 pi	500 m ...	1 640,420 pi
10 m ...	32,808 pi	1 000 m ...	3 280,840 pi
20 m ...	65,617 pi	2 000 m ...	6 561,680 pi
30 m ...	98,425 pi	3 000 m ...	9 842,520 pi
40 m ...	131,234 pi	4 000 m ...	13 123,359 pi
50 m ...	164,042 pi	5 000 m ...	16 404,199 pi

CONVERSION DES VERGES EN MÈTRES

1 vg ...	0,914 m		20 vg ...	18,288 m
2 vg ...	1,829 m		30 vg ...	27,432 m
3 vg ...	2,743 m		40 vg ...	36,576 m
4 vg ...	3,657 m		50 vg ...	45,720 m
5 vg ...	4,572 m		60 vg ...	54,864 m
6 vg ...	5,486 m		70 vg ...	64,008 m
7 vg ...	6,401 m		80 vg ...	73,152 m
8 vg ...	7,315 m		90 vg ...	82,296 m
9 vg ...	8,229 m		100 vg ...	91,440 m
10 vg ...	9,144 m		200 vg ...	182,880 m
11 vg ...	10,058 m		300 vg ...	274,320 m
12 vg ...	10,973 m		400 vg ...	365,760 m
13 vg ...	11,887 m		500 vg ...	457,200 m
14 vg ...	12,801 m		1 000 vg ...	914,400 m
15 vg ...	13,716 m		2 000 vg ...	1 828,800 m
16 vg ...	14,630 m		3 000 vg ...	2 743,200 m
17 vg ...	15,549 m		4 000 vg ...	3 657,600 m
18 vg ...	16,459 m		5 000 vg ...	4 572,000 m
19 vg ...	17,373 m		10 000 vg ...	9 144,000 m

CONVERSION DES MÈTRES EN VERGES

1 m ...	1,093 vg	40 m ...	43,744 vg
2 m ...	2,187 vg	50 m ...	54,680 vg
3 m ...	3,281 vg	60 m ...	65,617 vg
4 m ...	4,374 vg	70 m ...	76,553 vg
5 m ...	5,468 vg	80 m ...	87,489 vg
6 m ...	6,561 vg	90 m ...	98,425 vg
7 m ...	7,655 vg	100 m ...	109,361 vg
8 m ...	8,749 vg	200 m ...	218,722 vg
9 m ...	9,842 vg	300 m ...	328,084 vg
10 m ...	10,936 vg	400 m ...	437,445 vg
11 m ...	12,030 vg	500 m ...	546,806 vg
12 m ...	13,123 vg	600 m ...	656,168 vg
13 m ...	14,217 vg	700 m ...	765,529 vg
14 m ...	15,310 vg	800 m ...	874,890 vg
15 m ...	16,404 vg	900 m ...	984,252 vg
16 m ...	17,498 vg	1 000 m ...	1 093,613 vg
17 m ...	18,591 vg	2 000 m ...	2 187,226 vg
18 m ...	19,685 vg	3 000 m ...	3 280,840 vg
19 m ...	20,778 vg	4 000 m ...	4 374,453 vg
20 m ...	21,872 vg	5 000 m ...	5 468,066 vg
30 m ...	32,808 vg	10 000 m ...	10 936,132 vg

Centimètre

Le centimètre est le 1/100 du mètre, soit 1 m = 100 cm.

Pour passer de l'unité pouce à l'unité centimètre, multipliez le pouce par 2,540.

Ex. : 10 pouces × 2,540 = 25,40 centimètres.

Millimètre

Le millimètre est le 1/10 du centimètre, donc il est le 1/1000 du mètre.

1 m = 100 cm = 1 000 mm
1 mm = 1/10 cm = 1/1 000 m
aussi 1 millimètre = 1/25 pouce

Pour convertir les pouces en millimètres, multipliez le pouce par 25,40.

Ex. : 100 pouces × 25,40 = 2 540 millimètres.

CONVERSION DES POUCES EN MILLIMÈTRES

1 po ...	25,4 mm		32 po ...	812,8 mm
2 po ...	50,8 mm		33 po ...	838,2 mm
3 po ...	76,2 mm		34 po ...	863,6 mm
4 po ...	101,6 mm		35 po ...	889,0 mm
5 po ...	127,0 mm		36 po ...	914,4 mm
6 po ...	152,4 mm		37 po ...	939,8 mm
7 po ...	177,8 mm		38 po ...	965,2 mm
8 po ...	203,2 mm		39 po ...	990,6 mm
9 po ...	228,6 mm		40 po ...	1 016,0 mm
10 po ...	254,0 mm		41 po ...	1 041,4 mm
11 po ...	279,4 mm		42 po ...	1 066,8 mm
12 po ...	304,8 mm		43 po ...	1 092,2 mm
13 po ...	330,2 mm		44 po ...	1 117,6 mm
14 po ...	355,6 mm		45 po ...	1 143,0 mm
15 po ...	381,0 mm		46 po ...	1 168,4 mm
16 po ...	406,4 mm		47 po ...	1 193,8 mm
17 po ...	431,8 mm		48 po ...	1 219,2 mm
18 po ...	457,2 mm		49 po ...	1 244,6 mm
19 po ...	482,6 mm		50 po ...	1 270,0 mm
20 po ...	508,0 mm		51 po ...	1 295,4 mm
21 po ...	533,4 mm		52 po ...	1 320,8 mm
22 po ...	558,8 mm		53 po ...	1 346,2 mm
23 po ...	584,2 mm		54 po ...	1 371,6 mm
24 po ...	609,6 mm		55 po ...	1 397,0 mm
25 po ...	635,0 mm		56 po ...	1 422,4 mm
26 po ...	660,4 mm		57 po ...	1 447,8 mm
27 po ...	685,8 mm		58 po ...	1 473,2 mm
28 po ...	711,2 mm		59 po ...	1 498,6 mm
29 po ...	736,6 mm		60 po ...	1 524,0 mm
30 po ...	762,0 mm		61 po ...	1 549,4 mm
31 po ...	787,4 mm		62 po ...	1 574,8 mm

CONVERSION DES POUCES EN MILLIMÈTRES

63 po ... 1 600,2 mm	82 po ... 2 082,8 mm
64 po ... 1 625,6 mm	83 po ... 2 108,2 mm
65 po ... 1 651,0 mm	84 po ... 2 133,6 mm
66 po ... 1 676,4 mm	85 po ... 2 159,0 mm
67 po ... 1 701,8 mm	86 po ... 2 184,4 mm
68 po ... 1 727,2 mm	87 po ... 2 209,8 mm
69 po ... 1 752,6 mm	88 po ... 2 235,2 mm
70 po ... 1 778,0 mm	89 po ... 2 260,6 mm
71 po ... 1 803,4 mm	90 po ... 2 286,0 mm
72 po ... 1 828,8 mm	91 po ... 2 311,4 mm
73 po ... 1 854,2 mm	92 po ... 2 336,8 mm
74 po ... 1 879,6 mm	93 po ... 2 362,2 mm
75 po ... 1 905,0 mm	94 po ... 2 387,6 mm
76 po ... 1 930,4 mm	95 po ... 2 413,0 mm
77 po ... 1 955,8 mm	96 po ... 2 438,4 mm
78 po ... 1 981,2 mm	97 po ... 2 463,8 mm
79 po ... 2 006,6 mm	98 po ... 2 489,2 mm
80 po ... 2 032,0 mm	99 po ... 2 514,6 mm
81 po ... 2 057,4 mm	100 po ... 2 540,0 mm

CONVERSION DES MILLIMÈTRES EN POUCES

1 mm ... 0,039 po		32 mm ... 1,260 po
2 mm ... 0,079 po		33 mm ... 1,299 po
3 mm ... 0,118 po		34 mm ... 1,339 po
4 mm ... 0,157 po		35 mm ... 1,378 po
5 mm ... 0,197 po		36 mm ... 1,417 po
6 mm ... 0,236 po		37 mm ... 1,457 po
7 mm ... 0,276 po		38 mm ... 1,496 po
8 mm ... 0,315 po		39 mm ... 1,535 po
9 mm ... 0,354 po		40 mm ... 1,575 po
10 mm ... 0,394 po		41 mm ... 1,614 po
11 mm ... 0,433 po		42 mm ... 1,654 po
12 mm ... 0,472 po		43 mm ... 1,693 po
13 mm ... 0,512 po		44 mm ... 1,732 po
14 mm ... 0,551 po		45 mm ... 1,772 po
15 mm ... 0,591 po		46 mm ... 1,811 po
16 mm ... 0,630 po		47 mm ... 1,850 po
17 mm ... 0,669 po		48 mm ... 1,890 po
18 mm ... 0,709 po		49 mm ... 1,929 po
19 mm ... 0,748 po		50 mm ... 1,968 po
20 mm ... 0,787 po		51 mm ... 2,008 po
21 mm ... 0,827 po		52 mm ... 2,047 po
22 mm ... 0,866 po		53 mm ... 2,087 po
23 mm ... 0,906 po		54 mm ... 2,126 po
24 mm ... 0,945 po		55 mm ... 2,165 po
25 mm ... 0,984 po		56 mm ... 2,205 po
26 mm ... 1,024 po		57 mm ... 2,244 po
27 mm ... 1,063 po		58 mm ... 2,283 po
28 mm ... 1,102 po		59 mm ... 2,323 po
29 mm ... 1,142 po		60 mm ... 2,362 po
30 mm ... 1,181 po		61 mm ... 2,401 po
31 mm ... 1,220 po		62 mm ... 2,441 po

CONVERSION DES MILLIMÈTRES EN POUCES

63 mm ... 2,480 po	82 mm ... 3,228 po
64 mm ... 2,519 po	83 mm ... 3,268 po
65 mm ... 2,559 po	84 mm ... 3,307 po
66 mm ... 2,598 po	85 mm ... 3,346 po
67 mm ... 2,638 po	86 mm ... 3,386 po
68 mm ... 2,677 po	87 mm ... 3,425 po
69 mm ... 2,716 po	88 mm ... 3,464 po
70 mm ... 2,756 po	89 mm ... 3,504 po
71 mm ... 2,795 po	90 mm ... 3,543 po
72 mm ... 2,834 po	91 mm ... 3,582 po
73 mm ... 2,874 po	92 mm ... 3,622 po
74 mm ... 2,913 po	93 mm ... 3,661 po
75 mm ... 2,953 po	94 mm ... 3,701 po
76 mm ... 2,992 po	95 mm ... 3,740 po
77 mm ... 3,031 po	96 mm ... 3,779 po
78 mm ... 3,071 po	97 mm ... 3,819 po
79 mm ... 3,110 po	98 mm ... 3,858 po
80 mm ... 3,149 po	99 mm ... 3,897 po
81 mm ... 3,189 po	100 mm = 10 cm = 3,937 po

CONVERSION DES POUCES EN CENTIMÈTRES

1 po ... 2,54 cm		32 po ... 81,28 cm
2 po ... 5,08 cm		33 po ... 83,82 cm
3 po ... 7,62 cm		34 po ... 86,36 cm
4 po ... 10,16 cm		35 po ... 88,90 cm
5 po ... 12,70 cm		36 po ... 91,44 cm
6 po ... 15,24 cm		37 po ... 93,98 cm
7 po ... 17,78 cm		38 po ... 96,52 cm
8 po ... 20,32 cm		39 po ... 99,06 cm
9 po ... 22,86 cm		40 po ... 101,60 cm
10 po ... 25,40 cm		41 po ... 104,14 cm
11 po ... 27,94 cm		42 po ... 106,68 cm
12 po ... 30,48 cm		43 po ... 109,22 cm
13 po ... 33,02 cm		44 po ... 111,76 cm
14 po ... 35,56 cm		45 po ... 114,30 cm
15 po ... 38,10 cm		46 po ... 116,84 cm
16 po ... 40,64 cm		47 po ... 119,38 cm
17 po ... 43,18 cm		48 po ... 121,92 cm
18 po ... 45,72 cm		49 po ... 124,46 cm
19 po ... 48,26 cm		50 po ... 127,00 cm
20 po ... 50,80 cm		51 po ... 129,54 cm
21 po ... 53,34 cm		52 po ... 132,08 cm
22 po ... 55,88 cm		53 po ... 134,62 cm
23 po ... 58,42 cm		54 po ... 137,16 cm
24 po ... 60,96 cm		55 po ... 139,70 cm
25 po ... 63,50 cm		56 po ... 142,24 cm
26 po ... 66,04 cm		57 po ... 144,78 cm
27 po ... 68,58 cm		58 po ... 147,32 cm
28 po ... 71,12 cm		59 po ... 149,86 cm
29 po ... 73,66 cm		60 po ... 152,40 cm
30 po ... 76,20 cm		61 po ... 154,94 cm
31 po ... 78,74 cm		62 po ... 157,48 cm

CONVERSION DES POUCES EN CENTIMÈTRES

63 po ... 160,02 cm		92 po ... 233,68 cm
64 po ... 162,56 cm		93 po ... 236,22 cm
65 po ... 165,10 cm		94 po ... 238,76 cm
66 po ... 167,64 cm		95 po ... 241,30 cm
67 po ... 170,18 cm		96 po ... 243,84 cm
68 po ... 172,72 cm		97 po ... 246,38 cm
69 po ... 175,26 cm		98 po ... 248,92 cm
70 po ... 177,80 cm		99 po ... 251,46 cm
71 po ... 180,34 cm		100 po ... 254,00 cm
72 po ... 182,88 cm		101 po ... 256,54 cm
73 po ... 185,42 cm		102 po ... 259,08 cm
74 po ... 187,96 cm		103 po ... 261,62 cm
75 po ... 190,50 cm		104 po ... 264,16 cm
76 po ... 193,04 cm		105 po ... 266,70 cm
77 po ... 195,58 cm		106 po ... 269,24 cm
78 po ... 198,12 cm		107 po ... 271,78 cm
79 po ... 200,66 cm		108 po ... 274,32 cm
80 po ... 203,20 cm		109 po ... 276,86 cm
81 po ... 205,74 cm		110 po ... 279,40 cm
82 po ... 208,28 cm		111 po ... 281,94 cm
83 po ... 210,82 cm		112 po ... 284,48 cm
84 po ... 213,36 cm		113 po ... 287,02 cm
85 po ... 215,90 cm		114 po ... 289,56 cm
86 po ... 218,44 cm		115 po ... 292,10 cm
87 po ... 220,98 cm		116 po ... 294,64 cm
88 po ... 223,52 cm		117 po ... 297,18 cm
89 po ... 226,06 cm		118 po ... 299,72 cm
90 po ... 228,60 cm		119 po ... 302,26 cm
91 po ... 231,14 cm		120 po ... 304,80 cm

CONVERSION DES CENTIMÈTRES EN POUCES

1 cm ... 0,394 po		32 cm ... 12,598 po
2 cm ... 0,787 po		33 cm ... 12,992 po
3 cm ... 1,181 po		34 cm ... 13,386 po
4 cm ... 1,575 po		35 cm ... 13,780 po
5 cm ... 1,968 po		36 cm ... 14,173 po
6 cm ... 2,362 po		37 cm ... 14,567 po
7 cm ... 2,756 po		38 cm ... 14,961 po
8 cm ... 3,150 po		39 cm ... 15,354 po
9 cm ... 3,543 po		40 cm ... 15,748 po
10 cm ... 3,937 po		41 cm ... 16,142 po
11 cm ... 4,331 po		42 cm ... 16,535 po
12 cm ... 4,724 po		43 cm ... 16,929 po
13 cm ... 5,118 po		44 cm ... 17,323 po
14 cm ... 5,512 po		45 cm ... 17,716 po
15 cm ... 5,906 po		46 cm ... 18,110 po
16 cm ... 6,299 po		47 cm ... 18,504 po
17 cm ... 6,693 po		48 cm ... 18,898 po
18 cm ... 7,087 po		49 cm ... 19,291 po
19 cm ... 7,480 po		50 cm ... 19,685 po
20 cm ... 7,874 po		51 cm ... 20,079 po
21 cm ... 8,268 po		52 cm ... 20,472 po
22 cm ... 8,661 po		53 cm ... 20,866 po
23 cm ... 9,055 po		54 cm ... 21,260 po
24 cm ... 9,449 po		55 cm ... 21,654 po
25 cm ... 9,843 po		56 cm ... 22,047 po
26 cm ... 10,236 po		57 cm ... 22,441 po
27 cm ... 10,630 po		58 cm ... 22,835 po
28 cm ... 11,024 po		59 cm ... 23,228 po
29 cm ... 11,417 po		60 cm ... 23,622 po
30 cm ... 11,811 po		61 cm ... 24,015 po
31 cm ... 12,205 po		62 cm ... 24,409 po

CONVERSION DES CENTIMÈTRES EN POUCES

63 cm ... 24,803 po			82 cm ... 32,283 po	
64 cm ... 25,197 po			83 cm ... 32,677 po	
65 cm ... 25,590 po			84 cm ... 33,071 po	
66 cm ... 25,984 po			85 cm ... 33,464 po	
67 cm ... 26,378 po			86 cm ... 33,858 po	
68 cm ... 26,771 po			87 cm ... 34,252 po	
69 cm ... 27,165 po			88 cm ... 34,645 po	
70 cm ... 27,559 po			89 cm ... 35,039 po	
71 cm ... 27,953 po			90 cm ... 35,433 po	
72 cm ... 28,346 po			91 cm ... 35,826 po	
73 cm ... 28,740 po			92 cm ... 36,220 po	
74 cm ... 29,134 po			93 cm ... 36,614 po	
75 cm ... 29,527 po			94 cm ... 37,008 po	
76 cm ... 29,921 po			95 cm ... 37,401 po	
77 cm ... 30,315 po			96 cm ... 37,795 po	
78 cm ... 30,708 po			97 cm ... 38,189 po	
79 cm ... 31,102 po			98 cm ... 38,582 po	
80 cm ... 31,496 po			99 cm ... 38,976 po	
81 cm ... 31,889 po			100 cm ... 39,370 po	

MESURES DE SURFACE

ABRÉVIATIONS

po^2 = pouce carré
pi^2 = pied carré
vg^2 = verge carrée
a = acre
mi^2 = mille carré
cm^2 = centimètre carré
m^2 = mètre carré
km^2 = kilomètre carré
ha = hectare

Surfaces
10 pieds carrés = 0,93 mètre carré =
1,19 verge carrée

Exemple
7 000 pieds carrés = 650 mètres carrés =
773,5 verges carrées

Pouces carrés (po²)	Centimètres carrés (cm²)	Centimètres carrés (cm²)	Pouces carrés (po²)
1	6,45	1	0,15
2	12,90	2	0,31
3	19,35	3	0,47
4	25,81	4	0,62
5	32,26	5	0,78
6	38,71	6	0,93
7	45,16	7	1,09
8	51,61	8	1,24
9	58,06	9	1,40
10	64,52	10	1,55
11	70,97	11	1,71
12	77,42	12	1,86
20	129,03	20	3,10
30	193,55	30	4,65
40	258,06	40	6,20
50	322,58	50	7,75
60	387,10	60	9,30
70	451,61	70	10,85
80	516,13	80	12,40
90	580,64	90	13,95
100	645,16	100	15,50
200	1 290,32	200	31,00
300	1 935,48	300	46,50
400	2 580,64	400	62,00
500	3 225,80	500	77,50
1 000	6 451,60	1 000	155,00
2 000	12 903,20	2 000	310,00
3 000	19 354,80	3 000	465,00

Pieds carrés (pi²)	Mètres carrés (m²)	Mètres carrés (m²)	Pieds carrés (pi²)
1	0,093	1	10,764
2	0,186	2	21,529
3	0,279	3	32,293
4	0,372	4	43,057
5	0,465	5	53,821
6	0,557	6	64,586
7	0,650	7	75,350
8	0,743	8	86,114
9	0,836	9	96,878
10	0,929	10	107,643
20	1,858	20	215,285
30	2,787	30	322,928
40	3,716	40	430,571
50	4,645	50	538,213
60	5,574	60	645,856
70	6,503	70	753,498
80	7,432	80	861,141
90	8,361	90	968,784
100	9,290	100	1 076,426
200	18,580	200	2 152,853
300	27,870	300	3 229,279
400	37,160	400	4 305,705
500	46,450	500	5 382,131
1 000	92,900	1 000	10 764,262
2 000	185,800	2 000	21 528,525
3 000	278,700	3 000	32 292,787
4 000	371,600	4 000	43 057,050
5 000	464,500	5 000	53 821,313

Verges carrées (vg²)	Mètres carrés (m²)	Mètres carrés (m²)	Verges carrées (vg²)
1	0,84	1	1,20
2	1,67	2	2,39
3	2,51	3	3,59
4	3,34	4	4,78
5	4,18	5	5,98
6	5,02	6	7,18
7	5,85	7	8,37
8	6,69	8	9,57
9	7,52	9	10,76
10	8,36	10	11,96

Milles carrés (mi²)	Kilomètres carrés (km²)	Kilomètres carrés (km²)	Milles carrés (mi²)
1	2,6	1	0,38
2	5,2	2	0,77
3	7,8	3	1,16
4	10,4	4	1,54
5	13,0	5	1,93
6	15,6	6	2,32
7	18,2	7	2,70
8	20,8	8	3,08
9	23,4	9	3,47
10	26,0	10	3,86

Acres (a)	Hectares (ha)	Hectares (ha)	Acres (a)
1	0,405	1	2,471
2	0,809	2	4,942
3	1,214	3	7,413
4	1,619	4	9,884
5	2,024	5	12,355
6	2,428	6	14,826
7	2,833	7	17,297
8	3,238	8	19,768
9	3,642	9	22,239
10	4,047	10	24,710
20	8,094	20	49,419
30	12,141	30	74,129
40	16,188	40	98,839
50	20,235	50	123,548
60	24,282	60	148,258
70	28,329	70	172,968
80	32,376	80	197,677
90	36,423	90	222,387
100	40,470	100	247,097
200	80,940	200	494,193
300	121,410	300	741,290
400	161,880	400	988,386
500	202,350	500	1 235,483
1 000	404,700	1 000	2 470,966
2 000	809,400	2 000	4 941,932
3 000	1 214,100	3 000	7 412,898
4 000	1 618,800	4 000	9 883,865
5 000	2 023,500	5 000	12 354,830

MESURES DE VOLUME

Volume

1 pouce cube	=	16,387 centimètres cubes
1 pied cube	=	28,571 décimètres cubes
1 verbe cube	=	0,765 mètre cube
1 centimètre cube	=	0,061 pouce cube
1 décimètre cube	=	0,035 pied cube
1 mètre cube	=	1,308 verge cube

ABRÉVIATIONS

---

po^3	=	pouce cube
pi^3	=	pied cube
vg^3	=	verge cube
ml	=	millilitre
cm^3	=	centimètre cube
m^3	=	mètre cube

Pouces cubes (po^3)	Millilitres (ml)	Millilitres (ml)	Pouces cubes (po^3)
1	16,39	1	0,06
2	32,77	2	0,12
3	49,16	3	0,18
4	65,55	4	0,24
5	81,94	5	0,31
6	98,32	6	0,37
7	114,71	7	0,43
8	131,10	8	0,49
9	147,48	9	0,55
10	163,87	10	0,61
20	327,74	20	1,22
30	491,61	30	1,83
40	655,48	40	2,44
50	819,35	50	3,05
60	983,22	60	3,66
70	1 147,09	70	4,27
80	1 310,96	80	4,88
90	1 474,83	90	5,49
100	1 638,70	100	6,10
200	3 277,40	200	12,20
300	4 916,10	300	18,30
400	6 554,80	400	24,40
500	8 193,50	500	30,50
1 000	16 387,00	1 000	61,00
2 000	32 774,00	2 000	122,00
3 000	49 161,00	3 000	183,00
4 000	65 548,00	4 000	244,00
5 000	81 935,00	5 000	305,00

Pieds cubes (pi³)	Mètres cubes (m³)	Mètres cubes (m³)	Pieds cubes (pi³)
1	0,03	1	35,31
2	0,06	2	70,63
3	0,08	3	105,94
4	0,11	4	141,26
5	0,14	5	176,57
6	0,17	6	211,89
7	0,20	7	247,20
8	0,23	8	282,52
9	0,25	9	317,83
10	0,28	10	353,14
20	0,57	20	706,29
30	0,85	30	1 059,43
40	1,13	40	1 412,58
50	1,41	50	1 765,72
60	1,70	60	2 118,87
70	1,98	70	2 472,01
80	2,26	80	2 825,16
90	2,55	90	3 178,30
100	2,83	100	3 531,45
200	5,66	200	7 062,90
300	8,49	300	10 594,34
400	11,33	400	14 125,79
500	14,16	500	17 657,24
1 000	28,32	1 000	35 314,48
2 000	56,63	2 000	76 628,95
3 000	84,95	3 000	105 943,42
4 000	113,27	4 000	141 257,90
5 000	141,58	5 000	176 572,37

Verges cubes (vg³)	Mètres cubes (m³)	Mètres cubes (m³)	Verges cubes (vg³)
1	0,76	1	1,31
2	1,52	2	2,62
3	2,28	3	3,93
4	3,04	4	5,24
5	3,82	5	6,55
6	4,56	6	7,86
7	5,32	7	9,17
8	6,08	8	10,48
9	6,84	9	11,79
10	7,64	10	13,1
20	15,29	20	26,2
30	22,80	30	39,3
40	30,40	40	52,4
50	38,0	50	65,5
60	45,60	60	78,6
70	53,20	70	91,7
80	60,80	80	104,8
90	68,40	90	117,9
100	76,0	100	131,0
200	152,0	200	261,0
300	228,0	300	393,0
400	304,0	400	524,0
500	380,0	500	655,0
1 000	760,0	1 000	1 310,0
2 000	1 520,0	2 000	2 620,0
3 000	2 280,0	3 000	3 930,0
4 000	3 040,0	4 000	5 240,0
5 000	3 820,0	5 000	6 550,0

MÉMORISEZ LES ÉQUIVALENCES MÉTRIQUES

Si vous réussissez à mémoriser les tableaux qui suivent, longueur, masse, volume, superficie, et les équivalences des mesures impériales aux mesures métriques, vous n'aurez plus de difficulté dans vos différents achats, ou peut-être dans vos lectures! Sinon, reportez-vous au *Guide*.

ÉQUIVALENCES

LONGUEUR

1 pouce	25,400 mm 2,540 cm
1 pied	304,800 mm 30,480 cm 0,3048 m
1 mille	1 609,3 m 1,6093 km

1 centimètre (cm)	10 millimètres (mm)
1 décimètre (dm)	10 cm
1 mètre (m)	10 dm
1 décamètre (dam)	10 m
1 hectomètre (hm)	10 dam
1 kilomètre (km)	10 hm = 1 000 m

ÉQUIVALENCES

MASSE

1 once	28,349 g 0,0283 kg
1 litre	453,592 g 0,454 kg
1 tonne courte (2 000 lb)	9 071,847 g 9,072 kg 0,907 t
1 tonne forte (2 240 lb)	1 016 046,908 g 1 016,047 kg 1,016 t

1 centigramme (cg)	10 milligrammes (mg)
1 décigramme (dg)	10 cg
1 gramme (g)	10 dg
1 décagramme (dag)	10 g
1 hectogramme (hg)	10 dag
1 kilogramme (kg)	10 hg = 1 000 g

SUPERFICIE

1 pouce carré	645,16 mm carrés 6,4516 cm carrés 0,0645 dm carré
1 pied carré	929,030 cm carrés 9,29030 dm carrés 0,0929 m carré
1 verge carrée	8 361,274 cm carrés 83,6127 dm carrés 0,8361 m carré
1 arpent	3 418,894 m carrés 0,3418 ha
1 acre	4 046,856 m carrés 0,4046 ha

SUPERFICIE (suite)

1 centimètre carré	100 millimètres carrés
1 décimètre carré	100 centimètres carrés
1 mètre carré	100 décimètres carrés
1 décamètre carré	100 mètres carrés
1 hectomètre carré	100 décamètres carrés
1 kilomètre carré	100 hectomètres carrés 1 000 000 mètres carrés

L'hectomètre carré est dit aussi hectare. Donc
1 hectare = 10 000 mètres carrés.

ÉQUIVALENCES

VOLUME

1 chopine liquide	473,176 ml
1 chopine sèche (can)	50,610 ml
1 gallon (can)	3,785 l
1 once liquide (can)	29,574 ml
1 pinte (can)	0,946 l
1 pouce cube	16,387 ml
1 pied cube	16 387,064 ml
1 verge cube	0,764 m cube

1 millilitre (ml)	1 centimètre cube
1 centilitre (cl)	10 centimètres cubes
1 litre (l)	1 décimètre cube
1 mètre cube	1 000 décimètres cubes 1 000 litres

1 centimètre (cm)	= 0,393 pouce
1 mètre (m)	= 1,094 verge
1 kilomètre (km)	= 0,621 mille
1 hectare (ha)	= 2,471 acres
1 litre (1)	= 1,056 pinte
1 gramme (g)	= 0,035 once
1 kilogramme (kg)	= 2,204 livres

LES CONVERSIONS LES PLUS COURANTES DE LA CUISINE MÉTRIQUE

LIQUIDES

1/2 tasse	4 onces	10 cl
7/8 tasse	7 onces	20 cl
2 1/4 tasses	18 onces	50 cl
3 1/4 tasses	26 onces	75 cl
4 1/2 tasses	35 onces	1 litre

FARINE

1 cuillerée à soupe	15 g
1/2 tasse	60 g
1 tasse	125 g
4 tasses	500 g = 1 lb

SUCRE, RIZ

3 cuillerées à soupe	50 g	1/10 lb
1/2 tasse	125 g	1/4 lb
1 tasse	250 g	1/2 lb
2 tasses	500 g	1 lb

LES CONVERSIONS LES PLUS COURANTES DE LA CUISINE MÉTRIQUE

BEURRE ET GRAISSE VÉGÉTALE

2 cuillerées à soupe	50 g
3 cuillerées à soupe	75 g
1/4 lb	125 g
1/2 lb	250 g
1 lb	500 g

REMARQUES

1 cuillerée à café = 1 cuillerée à thé
1 cuillerée à soupe = 1 cuillerée à table

ABRÉVIATIONS DES MESURES DE POIDS IMPÉRIALES

cuillerée à thé   = ct
cuillerée à soupe   = cas
ou
cuillerée à table   = ctb
once   = oz
tasse   = t
pinte   = pt
gallon   = gal

MESURES DE POIDS

Pour convertir des	en	il faut multiplier par
onces	grammes	28,34952
grammes	onces	0,03527
livres	kilogrammes	0,453592
kilogrammes	livres	2,20462

MESURES DE CAPACITÉ

3 cuillerées à thé	1 cuillerée à soupe
16 cuillerées à soupe	1 tasse
4 tasses	1 pinte
4 pintes	1 gallon
1 cuillerée à thé	5 millilitres
1 cuillerée à soupe	15 millilitres
1 tasse	250 millilitres
1 once	29,574 millilitres
1 litre	1 000 millilitres

ABRÉVIATIONS

ml	=	millilitre
l	=	litre
ct	=	cuillerée à thé
cas ou ctb	=	cuillerée à soupe
oz	=	once
t	=	tasse
pt	=	pinte
gal	=	gallon

CONVERSIONS

Pour convertir des	en	Il faut multiplier par
cuillerées à thé	millilitres	5,0
cuillerées à soupe	millilitres	15,0
tasses	millilitres	250,0
onces	millilitres	29,574
pintes (32 oz)	litres	0,946
pintes (40 oz)	litres	1,14
gallons (128 oz)	litres	3,785
gallons (160 oz)	litres	4,546

Cuillerées à thé (ct)	Millilitres (ml)
1 c. thé	5 ml
2 c. thé	10 ml
3 c. thé	15 ml

Cuillerées à soupe (cas)	Millilitres (ml)
1 c. soupe	15 ml
2 c. soupe	30 ml
3 c. soupe	45 ml
4 c. soupe	60 ml
5 c. soupe	75 ml
6 c. soupe	90 ml
7 c. soupe	105 ml
8 c. soupe	120 ml
9 c. soupe	135 ml
10 c. soupe	150 ml
11 c. soupe	165 ml
12 c. soupe	180 ml
13 c. soupe	195 ml
14 c. soupe	210 ml
15 c. soupe	225 ml
16 c. soupe	240 ml

Tasses (t)	Millilitres
1 t	240 ml
2 t	480 ml
3 t	720 ml
4 t (1 pinte)	960 ml
8 t (1/2 gal)	1 920 ml
12 t	2 880 ml
16 t (1 gal)	3 840 ml
32 t	7 680 ml
80 t (5 gal)	19 200 ml
160 t	38 400 ml

240 t	57 600 ml
320 t	76 800 ml

Millilitres	Tasses
100 ml	0,4 t
200 ml	0,8 t
300 ml	1,2 t
400 ml	1,6 t
500 ml	2,0 t
600 ml	2,4 t
700 ml	2,8 t
800 ml	3,2 t
900 ml	3,6 t
1 000 ml	4,0 t
1 100 ml	4,4 t
1 200 ml	4,8 t
1 300 ml	5,2 t
1 400 ml	5,6 t
1 500 ml	6,0 t
1 600 ml	6,4 t
1 700 ml	6,8 t
1 800 ml	7,2 t
1 900 ml	7,6 t
2 000 ml	8,0 t
2 100 ml	8,4 t
2 200 ml	8,8 t
2 300 ml	9,2 t
2 400 ml	9,6 t
2 500 ml	10,0 t
2 600 ml	10,4 t
2 700 ml	10,8 t
2 800 ml	11,2 t
2 900 ml	11,6 t
3 000 ml	12,0 t

1 tasse	250 ml	8,0 oz
0,94 tasse	225 ml	7,6 oz
0,83 tasse	200 ml	6,9 oz
0,73 tasse	175 ml	5,2 oz
0,62 tasse	150 ml	4,1 oz
0,52 tasse	125 ml	3,7 oz
0,42 tasse	100 ml	3,4 oz
0,30 tasse	75 ml	2,5 oz
0,21 tasse	50 ml	1,7 oz
0,10 tasse	25 ml	0,8 oz

On conseille habituellement de mesurer les ingrédients liquides d'après leur volume, les ingrédients secs d'après leur poids. On trouve facilement des «tasses à mesurer» qui comportent des graduations à la fois pour les liquides et les ingrédients secs. Si une très grande précision est nécessaire, il vaut mieux peser les ingrédients secs sur une balance de cuisine.

POIDS

1 once	30 g
1 3/4 once	50 g
2 onces	60 g
3 onces	90 g
3 1/2 onces	100 g
4 1/2 onces	125 g
5 1/2 onces	150 g
7 onces	200 g
9 onces	250 g
10 1/2 onces	300 g
14 onces	400 g
1 livre, 2 onces	500 g
1 livre, 5 onces	600 g
1 1/2 livre	700 g
1 livre, 12 onces	800 g
2 livres	900 g
2 livres, 3 onces	1 kg
4 1/2 livres	2 kg
6 1/2 livres	3 kg
9 livres	4 kg
11 livres	5 kg
22 livres	10 kg
220 livres	100 kg
2 200 livres	1 000 kg = 1 tonne

POIDS APPROXIMATIF

Orange	125 g
Pomme	150 g
Ananas	1 kg
Tranche de pain	25 g
Un pain	700 g
Deux craquelins	68 g
Oeuf mollet	50 g
Dinde de Noël	10 kg

CAPACITÉ APPROXIMATIVE

Verre de jus	125 ml
Verre de lait	250 ml
Bol de soupe	250 ml
Bouilloire	2 l

ÉPAISSEUR APPROXIMATIVE

Croûte de tarte	2 mm
Biscuit au sucre	5 mm

ONCES (oz)	GRAMMES (g)	GRAMMES (g)	ONCES (oz)
1 ...	28,350	1 ...	0,035
2 ...	56,700	2 ...	0,071
3 ...	85,050	3 ...	0,106
4 ...	113,400	4 ...	0,141
5 ...	141,750	5 ...	0,176
6 ...	170,100	6 ...	0,212
7 ...	178,450	7 ...	0,247
8 ...	226,800	8 ...	0,282
9 ...	255,150	9 ...	0,317
10 ...	283,500	10 ...	0,353
11 ...	311,850	11 ...	0,388
12 ...	340,200	12 ...	0,423
13 ...	368,550	13 ...	0,459
14 ...	396,900	14 ...	0,494
15 ...	425,250	15 ...	0,529
16 ...	453,600	16 ...	0,564
17 ...	481,950	17 ...	0,600
18 ...	510,300	18 ...	0,635
19 ...	538,650	19 ...	0,670
20 ...	567,000	20 ...	0,705
21 ...	595,350	21 ...	0,741
22 ...	623,700	22 ...	0,776
23 ...	652,050	23 ...	0,811
24 ...	680,400	24 ...	0,847
25 ...	708,750	25 ...	0,882
26 ...	737,100	26 ...	0,917
27 ...	765,450	27 ...	0,952
28 ...	793,800	28 ...	0,988
29 ...	822,150	29 ...	1,023

ONCES (oz)	GRAMMES (g)	GRAMMES (g)	ONCES (oz)
30 ...	850,500	30 ...	1,058
31 ...	878,850	31 ...	1,093
32 ...	907,200	32 ...	1,129
33 ...	935,550	33 ...	1,164
34 ...	963,900	34 ...	1,199
35 ...	992,250	35 ...	1,235
36 ...	1 020,600	36 ...	1,270
37 ...	1 048,950	37 ...	1,305
38 ...	1 077,300	38 ...	1,340
39 ...	1 105,650	39 ...	1,376
40 ...	1 134,000	40 ...	1,411
41 ...	1 162,350	41 ...	1,446
42 ...	1 190,700	42 ...	1,481
43 ...	1 219,050	43 ...	1,517
44 ...	1 247,400	44 ...	1,552
45 ...	1 275,750	45 ...	1,587
46 ...	1 304,100	46 ...	1,623
47 ...	1 332,450	47 ...	1,658
48 ...	1 360,800	48 ...	1,693
49 ...	1 389,150	49 ...	1,728
50 ...	1 417,500	50 ...	1,764
60 ...	1 701,000	60 ...	2,116
70 ...	1 984,500	70 ...	2,469
80 ...	2 268,000	80 ...	2,822
90 ...	2 551,500	90 ...	3,175
100 ...	2 835,000	100 ...	3,527
500 ...	14 175,000	500 ...	17,637
1 000 ...	28 350,000	1 000 ...	35,273

LIVRES	KILO- GRAMMES	KILO- GRAMMES	LIVRES
(lb)	(kg)	(kg)	(lb)
1 ...	0,454	1 ...	2,205
2 ...	0,907	2 ...	4,409
3 ...	1,361	3 ...	6,614
4 ...	1,814	4 ...	8,818
5 ...	2,268	5 ...	11,023
6 ...	2,722	6 ...	13,228
7 ...	3,175	7 ...	15,432
8 ...	3,629	8 ...	17,637
9 ...	4,082	9 ...	19,841
10 ...	4,536	10 ...	22,046
11 ...	4,990	11 ...	24,250
12 ...	5,443	12 ...	26,455
13 ...	5,897	13 ...	28,660
14 ...	6,350	14 ...	30,864
15 ...	6,804	15 ...	33,069
16 ...	7,258	16 ...	35,273
17 ...	7,711	17 ...	37,478
18 ...	8,165	18 ...	39,683
19 ...	8,618	19 ...	41,887
20 ...	9,072	20 ...	44,092
21 ...	9,526	21 ...	46,296
22 ...	9,980	22 ...	48,501
23 ...	10,433	23 ...	50,705
24 ...	10,886	24 ...	52,910
25 ...	11,340	25 ...	55,115
26 ...	11,794	26 ...	57,319
27 ...	12,247	27 ...	59,524
28 ...	12,701	28 ...	61,728

LIVRES (lb)	KILO-GRAMMES (kg)	KILO-GRAMMES (kg)	LIVRES (lb)
29 ...	13,154	29 ...	63,933
30 ...	13,608	30 ...	66,138
31 ...	14,062	31 ...	68,342
32 ...	14,515	32 ...	70,547
33 ...	14,969	33 ...	72,751
34 ...	15,422	34 ...	74,956
35 ...	15,876	35 ...	77,160
36 ...	16,330	36 ...	79,365
37 ...	16,783	37 ...	81,570
38 ...	17,237	38 ...	83,774
39 ...	17,690	39 ...	85,979
40 ...	18,144	40 ...	88,183
41 ...	18,598	41 ...	90,388
42 ...	19,051	42 ...	92,593
43 ...	19,505	43 ...	94,797
44 ...	19,958	44 ...	97,002
45 ...	20,412	45 ...	99,206
46 ...	20,866	46 ...	101,411
47 ...	21,319	47 ...	103,616
48 ...	21,773	48 ...	105,820
49 ...	22,226	49 ...	108,025
50 ...	22,680	50 ...	110,229
51 ...	23,134	51 ...	112,434
52 ...	23,587	52 ...	114,638
53 ...	24,041	53 ...	116,843
54 ...	24,494	54 ...	119,048
55 ...	24,948	55 ...	121,252
56 ...	25,402	56 ...	123,457

LIVRES (lb)	KILO-GRAMMES (kg)	KILO-GRAMMES (kg)	LIVRES (lb)
57 ...	25,855	57 ...	125,661
58 ...	26,309	58 ...	127,866
59 ...	26,762	59 ...	130,071
60 ...	27,216	60 ...	132,275
61 ...	27,670	61 ...	134,480
62 ...	28,123	62 ...	136,684
63 ...	28,577	63 ...	138,889
64 ...	29,030	64 ...	141,093
65 ...	29,484	65 ...	143,298
66 ...	29,938	66 ...	145,503
67 ...	30,391	67 ...	147,707
68 ...	30,845	68 ...	149,912
69 ...	31,298	69 ...	152,116
70 ...	31,752	70 ...	154,321
71 ...	32,206	71 ...	156,526
72 ...	32,659	72 ...	158,730
73 ...	33,113	73 ...	160,935
74 ...	33,566	74 ...	163,139
75 ...	34,020	75 ...	165,344
76 ...	34,474	76 ...	167,549
77 ...	34,927	77 ...	169,753
78 ...	35,381	78 ...	171,958
79 ...	35,834	79 ...	174,162
80 ...	36,288	80 ...	176,367
81 ...	36,742	81 ...	178,571
82 ...	37,195	82 ...	180,776
83 ...	37,649	83 ...	182,981
84 ...	38,102	84 ...	185,185

LIVRES	KILO-GRAMMES	KILO-GRAMMES	LIVRES
(lb)	(kg)	(kg)	(lb)
85 ...	38,556	85 ...	187,390
86 ...	39,010	86 ...	189,594
87 ...	39,463	87 ...	191,799
88 ...	39,917	88 ...	194,004
89 ...	40,370	89 ...	196,208
90 ...	40,824	90 ...	198,413
91 ...	41,278	91 ...	200,617
92 ...	41,731	92 ...	202,822
93 ...	42,185	93 ...	205,026
94 ...	42,638	94 ...	207,231
95 ...	43,092	95 ...	209,436
96 ...	43,546	96 ...	211,640
97 ...	43,999	97 ...	213,845
98 ...	44,453	98 ...	216,049
99 ...	44,906	99 ...	218,254
100 ...	45,360	100 ...	220,459
101 ...	45,814	101 ...	222,663
102 ...	46,267	102 ...	224,868
103 ...	46,721	103 ...	227,072
104 ...	47,174	104 ...	229,277
105 ...	47,628	105 ...	231,481
106 ...	48,082	106 ...	233,686
107 ...	48,535	107 ...	235,891
108 ...	48,989	108 ...	238,095
109 ...	49,442	109 ...	240,300
110 ...	49,896	110 ...	242,504
111 ...	50,350	111 ...	244,709
112 ...	50,803	112 ...	246,914

LIVRES (lb)	KILO-GRAMMES (kg)	KILO-GRAMMES (kg)	LIVRES (lb)
113 ...	51,257	113 ...	249,118
114 ...	51,710	114 ...	251,323
115 ...	52,164	115 ...	253,527
116 ...	52,618	116 ...	255,732
117 ...	53,071	117 ...	257,937
118 ...	53,525	118 ...	260,141
119 ...	53,978	119 ...	262,346
120 ...	54,432	120 ...	264,550
121 ...	54,886	121 ...	266,755
122 ...	55,339	122 ...	268,959
123 ...	55,793	123 ...	271,164
124 ...	56,246	124 ...	273,369
125 ...	56,700	125 ...	275,573
126 ...	57,154	126 ...	277,778
127 ...	57,607	127 ...	279,982
128 ...	58,061	128 ...	282,187
129 ...	58,514	129 ...	284,392
130 ...	58,968	130 ...	286,596
131 ...	59,422	131 ...	288,801
132 ...	59,875	132 ...	291,005
133 ...	60,329	133 ...	293,210
134 ...	60,782	134 ...	295,414
135 ...	61,236	135 ...	297,619
136 ...	61,690	136 ...	299,824
137 ...	62,143	137 ...	302,028
138 ...	62,597	138 ...	304,233
139 ...	63,050	139 ...	306,437
140 ...	63,504	140 ...	308,642

LIVRES (lb)	KILO-GRAMMES (kg)	KILO-GRAMMES (kg)	LIVRES (lb)
141 ...	63,958	141 ...	310,847
142 ...	64,411	142 ...	313,051
143 ...	64,865	143 ...	315,258
144 ...	65,318	144 ...	317,460
145 ...	65,772	145 ...	319,665
146 ...	66,226	146 ...	321,869
147 ...	66,679	147 ...	324,074
148 ...	67,133	148 ...	326,279
149 ...	67,586	149 ...	328,483
150 ...	68,040	150 ...	330,688
175 ...	79,380	175 ...	385,802
200 ...	90,720	200 ...	440,917
250 ...	113,400	250 ...	551,146
300 ...	136,080	300 ...	661,376
350 ...	158,760	350 ...	771,605
400 ...	181,440	400 ...	881,834
450 ...	204,120	450 ...	992,063
500 ...	226,800	500 ...	1 102,293
600 ...	272,160	600 ...	1 322,751
700 ...	317,520	700 ...	1 543,210
800 ...	362,880	800 ...	1 763,668
900 ...	408,240	900 ...	1 984,127
1 000 ...	453,600	1 000 ...	2 204,586
2 000 ...	907,200	2 000 ...	4 409,171
3 000 ...	1 360,800	3 000 ...	6 613,757
4 000 ...	1 814,400	4 000 ...	8 818,342
5 000 ...	2 268,000	5 000 ...	11 022,927

ONCES LIQUIDES (oz)	IMPÉRIAL (CAN) (ml)	SYST. AMÉR. (ml)	MILLI-LITRES (ml)	IMPÉRIAL (CAN) (oz)	SYST. AMÉR. (oz)
1	28,41	29,574	1	0,035	0,034
2	56,82	59,148	2	0,070	0,068
3	85,23	88,722	3	0,106	0,101
4	113,64	118,296	4	0,141	0,135
5	142,05	147,870	5	0,176	0,169
6	170,46	177,444	6	0,211	0,203
7	198,87	207,018	7	0,246	0,237
8	227,28	236,592	8	0,282	0,271
9	255,69	266,166	9	0,317	0,304
10	284,10	295,740	10	0,352	0,338
11	312,51	325,314	11	0,387	0,372
12	340,92	354,888	12	0,422	0,406
13	369,33	384,462	13	0,458	0,440
14	397,74	414,036	14	0,493	0,473
15	426,15	443,610	15	0,528	0,507
16	454,56	473,184	16	0,563	0,541
17	482,97	502,758	17	0,598	0,575
18	511,38	532,332	18	0,634	0,609
19	539,79	561,906	19	0,669	0,642
20	568,20	591,480	20	0,704	0,676
21	596,61	621,054	21	0,739	0,710
22	625,02	650,628	22	0,774	0,744
23	653,43	680,202	23	0,810	0,777
24	681,84	709,776	24	0,845	0,812
25	710,25	739,350	25	0,880	0,845
26	738,66	768,924	26	0,915	0,879
27	767,07	798,498	27	0,950	0,913
28	795,48	828,072	28	0,986	0,947

ONCES LIQUIDES (oz)	IMPÉRIAL (CAN) (ml)	SYST. AMÉR. (ml)	MILLI-LITRES (ml)	IMPÉRIAL (CAN) (oz)	SYST. AMÉR. (oz)
29	823,89	857,646	29	1,021	0,981
30	852,30	887,220	30	1,056	1,014
31	880,71	916,794	31	1,091	1,048
32 ou	909,12	946,368	32	1,126	1,082
1 pinte	909,12	946,368	64	2,253	2,164
64	1 818,24	1 892,736	96	3,379	3,246
96	2 727,36	2 839,104	100	3,520	3,381
128	3 636,48	3 785,472	200	7,040	6,763
160	4 545,60	4 731,840	300	10,560	10,144
192	5 454,72	5 678,208	400	14,080	13,525
224	6 363,84	6 624,576	500	17,599	16,907

Pintes 32 oz (p)	Litres (l)	Litres (l)	Pintes 32 oz (p)
1	0,946	1	1,057
2	1,893	2	2,113
3	2,839	3	3,170
4	3,785	4	4,227
5	4,732	5	5,228
6	5,678	6	6,340
7	6,625	7	7,397
8	7,570	8	8,454
9	8,517	9	9,510
10	9,464	10	10,567
Gallons 128 oz (gal)	**Litres (l)**	**Litres (l)**	**Gallons 128 oz (gal)**
1	3,785	1	0,220
2	7,571	2	0,440
3	11,356	3	0,660
4	15,141	4	0,880
5	18,927	5	1,010
6	22,712	6	1,320
7	26,497	7	1,540
8	30,282	8	1,760
9	34,068	9	1,980
10	37,853	10	2,200
20	75,706	20	4,400

Pintes 40 oz (p)	Litres (l)	Litres (l)	Pintes 40 oz (p)
1	1,1	1	0,8
2	2,2	2	1,7
3	3,4	3	2,6
4	4,5	4	3,5
5	5,6	5	4,4
6	6,8	6	5,2
7	7,9	7	6,1
8	9,0	8	7,0
9	10,2	9	7,9
10	11,3	10	8,8
20	22,7	20	17,6
30	34,0	30	26,4
40	45,4	40	35,2
50	56,8	50	44,0
100	113,6	100	87,9

MESURES DE TEMPÉRATURE

Pour obtenir des degrés Fahrenheit, il suffit de multiplier les degrés Celsius par 9, de diviser par 5 et d'ajouter 32. Le total ainsi obtenu donnera des degrés en Fahrenheit. Pour obtenir des degrés Celsius à partir des degrés Fahrenheit, on enlève 32, et le résultat est multiplié par 5 et divisé par 9. Ce n'est pas si compliqué!

TEMPÉRATURES LES PLUS UTILISÉES EN CUISINE

Les températures les plus utilisées en cuisine sont notées ici en Fahrenheit et en Celsius (métrique).

125	°F	51,7	°C
150	°F	65,6	°C
175	°F	79,4	°C
200	°F	93,3	°C
225	°F	107,2	°C
250	°F	121,1	°C
275	°F	135	°C
300	°F	148,9	°C
325	°F	162,8	°C
350	°F	176,7	°C
375	°F	190,6	°C
400	°F	204,4	°C
425	°F	218,3	°C
450	°F	232,2	°C
475	°F	246,1	°C
500	°F	260	°C
600	°F	315,6	°C
700	°F	371,1	°C
800	°F	426,7	°C
900	°F	482,2	°C
1 000	°F	537,8	°C

TEMPÉRATURES INTERNES POUR LA CUISSON DES VIANDES

BOEUF	
Saignant	60 °C = 140 °F
Moyennement cuit (à point)	65 °C = 150 °F
Bien cuit	75 °C = 167 °F
AGNEAU	
Moyennement cuit (à point)	65 °C = 150 °F
Bien cuit	75 °C = 167 °F
PORC	
Frais :	
bien cuit	85 °C = 185 °F
Salé :	
prêt à servir	55 °C = 131 °F
prêt à cuire	75 °C = 167 °F
DINDE OU POULET	
Farce	70 °C = 158 °F
Cuisse	85 °C = 185 °F
VEAU	
Bien cuit	80 °C = 176 °F

TEMPÉRATURES DE CONGÉLATION

Liquides	gèle à	
	Celsius	Fahrenheit
Lait	−1°	30°
Eau	0°	32°
Huile d'olive	2°	36°
Vin	−7°	20°
Vinaigre	−3°	28°

TEMPÉRATURES D'ÉBULLITION

Liquides	bout à	
	Celsius	Fahrenheit
Alcool	78,5°	173°
Eau	100°	212°

TEMPÉRATURES D'ENTREPOSAGE

Température d'entreposage en
  réfrigération : . . . . 4 °C = 39 °F

Température d'entreposage au
  congélateur : . . . . − 18 °C = − 0,4 °F

Température pour garder les
  aliments chauds au four : . . . . 100 °C = 212 °F

Température de chambre
  froide : . . . . de 10 à 15 °C = de 50 à 59 °F

Températures pour assurer la sécurité alimentaire :
  aliments
    froids : . . . moins de 4 °C = moins de 24,8 °F
  aliments
    chauds : . . . . plus de 60 °C = plus de 140 °F

Autres températures utilisées en cuisine :
  pour confitures et
    gelées : . de 102 à 160 °C = de 215 à 320 °F
  pour une
    grande friture : . . . . 190 °C = 374 °F
  grande friture
    pour poulet pané : . . . . 175 °C = 347 °F
  pour la fermentation d'une
    pâte à levure : . . . . 30 °C = 86 °F
  pour du caramel dur aux
    arachides (ou croquants) : . . 150 °C = 302 °F

Température à laquelle on doit refroidir
  les sirops de confiserie avant de
    les battre : . . . . 45 °C = 113 °F

Pour obtenir le «frémissement»
du lait : . . . . .80 °C = 176 °F

Pour mesurer les températures, en cuisine, on se sert d'un thermomètre à viande. Généralement celui-ci est gradué en multiples de 5.

Degrés Celsius (°C)	Degrés Fahrenheit (°F)	Degrés Fahrenheit (°F)	Degrés Celsius (°C)
− 40	− 40,0	− 40	− 40,0
− 39	− 38,2	− 39	− 39,4
− 38	− 36,4	− 38	− 38,8
− 37	− 34,6	− 37	− 38,3
− 36	− 32,8	− 36	− 37,7
− 35	− 31,0	− 35	− 37,2
− 34	− 29,2	− 34	− 36,6
− 33	− 27,4	− 33	− 36,1
− 32	− 25,6	− 32	− 35,5
− 31	− 23,8	− 31	− 35,0
− 30	− 22,0	− 30	− 34,4
− 29	− 20,2	− 29	− 33,8
− 28	− 18,4	− 28	− 33,3
− 27	− 16,6	− 27	− 32,7
− 26	− 14,8	− 26	− 32,2
− 25	− 13,0	− 25	− 31,6
− 24	− 11,2	− 24	− 31,1
− 23	− 9,4	− 23	− 30,5
− 22	− 7,6	− 22	− 30,0
− 21	− 5,8	− 21	− 29,4
− 20	− 4,0	− 20	− 28,8
− 19	− 2,2	− 19	− 28,3
− 18	− 0,4	− 18	− 27,7
− 17	1,4	− 17	− 27,2
− 16	3,2	− 16	− 26,6
− 15	5,0	− 15	− 26,1
− 14	6,8	− 14	− 25,5
− 13	8,6	− 13	− 25,0
− 12	10,4	− 12	− 24,4
− 11	12,0	− 11	− 23,8

Degrés Celsius (°C)	Degrés Fahrenheit (°F)	Degrés Fahrenheit (°F)	Degrés Celsius (°C)
− 10	14,0	− 10	− 23,3
− 9	15,8	− 9	− 22,7
− 8	17,6	− 8	− 22,2
− 7	19,4	− 7	− 21,6
− 6	21,2	− 6	− 21,1
− 5	23,0	− 5	− 20,5
− 4	24,8	− 4	− 20,0
− 3	26,6	− 3	− 19,4
− 2	28,4	− 2	− 18,8
− 1	30,2	− 1	− 18,3
0	32,0	0	− 17,7
1	33,8	1	− 17,2
2	35,6	2	− 16,6
3	37,4	3	− 16,1
4	39,2	4	− 15,5
5	41,0	5	− 15,0
6	42,8	6	− 14,4
7	44,6	7	− 13,8
8	46,4	8	− 13,3
9	48,2	9	− 12,7
10	50,0	10	− 12,2
11	51,8	11	− 11,6
12	53,6	12	− 11,1
13	55,4	13	− 10,5
14	57,2	14	− 10,0
15	59,0	15	− 9,4
16	60,8	16	− 8,8
17	62,6	17	− 8,3
18	64,4	18	− 7,7
19	66,2	19	− 7,2

Degrés Celsius (°C)	Degrés Fahrenheit (°F)	Degrés Fahrenheit (°F)	Degrés Celsius (°C)
20	68,0	20	− 6,6
21	69,8	21	− 6,1
22	71,6	22	− 5,5
23	73,4	23	− 5,0
24	75,2	24	− 4,4
25	77,0	25	− 3,8
26	78,8	26	− 3,3
27	80,6	27	− 2,7
28	82,4	28	− 2,2
29	84,2	29	− 1,6
30	86,0	30	− 1,1
31	87,8	31	− 0,5
32	89,6	32	0,0
33	91,4	33	0,5
34	93,2	34	1,1
35	95,0	35	1,6
36	96,8	36	2,2
37	98,6	37	2,7
38	100,4	38	3,3
39	102,2	39	3,8
40	104,0	40	4,4
41	105,8	41	5,0
42	107,6	42	5,5
43	109,4	43	6,1
44	111,2	44	6,6
45	113,0	45	7,2
46	114,8	46	7,7
47	116,6	47	8,3
48	118,4	48	8,8
49	120,2	49	9,4

Degrés Celsius (°C)	Degrés Fahrenheit (°F)	Degrés Fahrenheit (°F)	Degrés Celsius (°C)
50	122,0	50	10,0
51	123,8	51	10,5
52	125,6	52	11,1
53	127,4	53	11,6
54	129,2	54	12,2
55	131,0	55	12,7
56	132,8	56	13,3
57	134,6	57	13,8
58	136,4	58	14,4
59	138,2	59	15,0
60	140,0	60	15,5
61	141,8	61	16,1
62	143,6	62	16,6
63	145,4	63	17,2
64	147,2	64	17,7
65	149,0	65	18,3
66	150,8	66	18,8
67	152,6	67	19,4
68	154,4	68	20,0
69	156,2	69	20,5
70	158,0	70	21,1
71	159,8	71	21,6
72	161,6	72	22,2
73	163,4	73	22,7
74	165,2	74	23,3
75	167,0	75	23,8
76	168,8	76	24,4
77	170,6	77	25,0
78	172,4	78	25,5
79	174,2	79	26,1

Degrés Celsius (°C)	Degrés Fahrenheit (°F)	Degrés Fahrenheit (°F)	Degrés Celsius (°C)
80	176,0	80	26,6
81	177,8	81	27,2
82	179,6	82	27,7
83	181,4	83	28,3
84	183,2	84	28,8
85	185,0	85	29,4
86	186,8	86	30,0
87	188,6	87	30,5
88	190,4	88	31,1
89	192,2	89	31,6
90	194,0	90	32,2
91	195,8	91	32,7
92	197,6	92	33,3
93	199,4	93	33,8
94	201,2	94	34,4
95	203,0	95	35,0
96	204,8	96	35,5
97	206,6	97	36,1
98	208,4	98	36,6
99	210,2	99	37,2
100	212,0	100	37,7

En hiver, quand on veut connaître la température ambiante, en vertu du vent qu'il fait, on n'a qu'à consulter le

TABLEAU DU REFROIDISSEMENT ÉOLIEN*

TEMPÉRATURES °C

VENTS KM/H	-40	-38	-36	-34	-32	-30	-28	-26	-24	-22	-20	-18	-16	-14	-12	-10	-8	-6	-4	-2	0
10	-43	-41	-39	-37	-35	-33	-31	-29	-27	-25	-23	-20	-18	-16	-14	-12	-10	-8	-6	-4	-2
15	-51	-49	-46	-44	-42	-39	-37	-35	-33	-30	-28	-26	-23	-21	-19	-16	-14	-12	-10	-7	-5
20	-56	-54	-52	-49	-47	-44	-42	-39	-37	-34	-32	-29	-27	-25	-22	-20	-17	-15	-12	-10	-7
25	-61	-58	-56	-53	-51	-48	-45	-43	-40	-38	-35	-33	-30	-27	-25	-22	-20	-17	-15	-12	-9
30	-64	-62	-59	-56	-54	-51	-48	-46	-43	-40	-38	-35	-32	-30	-27	-24	-22	-19	-16	-14	-11
35	-67	-64	-62	-59	-56	-53	-51	-48	-45	-43	-40	-37	-34	-32	-29	-26	-23	-21	-18	-15	-12
40	-70	-67	-64	-61	-58	-56	-53	-50	-47	-44	-42	-39	-36	-33	-30	-27	-25	-22	-19	-16	-13
45	-72	-69	-66	-63	-60	-57	-54	-52	-49	-46	-43	-40	-37	-34	-31	-29	-26	-23	-20	-17	-14
50	-73	-70	-67	-64	-62	-59	-56	-53	-50	-47	-44	-41	-38	-35	-32	-30	-27	-24	-21	-18	-15
55	-75	-72	-69	-66	-63	-60	-57	-54	-51	-48	-45	-42	-39	-36	-33	-30	-27	-24	-22	-19	-16
60	-76	-73	-70	-67	-64	-61	-58	-55	-52	-49	-46	-43	-40	-37	-34	-31	-28	-25	-22	-19	-16
65	-77	-74	-71	-68	-65	-62	-59	-56	-53	-50	-47	-44	-41	-38	-35	-32	-29	-26	-23	-20	-17
70	-77	-74	-71	-68	-65	-62	-59	-56	-53	-50	-47	-44	-41	-38	-35	-32	-29	-26	-23	-20	-17
75	-78	-75	-72	-69	-66	-63	-59	-56	-53	-50	-47	-44	-41	-38	-35	-32	-29	-26	-23	-20	-17
80	-78	-75	-72	-69	-66	-63	-60	-57	-54	-51	-48	-45	-41	-38	-35	-32	-29	-26	-23	-20	-17
85	-78	-75	-72	-69	-66	-63	-60	-57	-54	-51	-48	-45	-42	-39	-36	-32	-29	-26	-23	-20	-17
90	-78	-75	-72	-69	-66	-63	-60	-57	-54	-51	-48	-45	-42	-39	-36	-33	-29	-26	-23	-20	-17

* Tableau fourni par Environnement Canada, à Dorval.

MESURES DE VÊTEMENTS ET D'ACCESSOIRES

COSTUMES POUR FEMMES ET ROBES

Américaines	8	10	12	14	16	18
Britanniques	10	12	14	16	18	20
Continentales	38	40	42	44	46	48

BAS POUR FEMMES

Américaines	8	8½	9	9½	10	10½
Britanniques	8	8½	9	9½	10	10½
Continentales	0	1	2	3	4	5

CHAPEAUX

Américaines	6¾	6⅞	7	7⅛	7¼	7⅜	7½
Britanniques	6⅝	6¾	6⅞	7	7⅛	7¼	7⅜
Continentales	54	55	56	57	58	59	60

CHAUSSURES POUR FEMMES

Américaines	6	6½	7	7½	8	8½	9
Britanniques	4½	5	5½	6	6½	7	7½
Continentales	37	37	38	38	39	39	40

BAS-CULOTTE

Américaines	A petit	B moyen	C/D grand	plus E	plus F
Britanniques	(small) petit	med. méd.	large (grand)	extra 5,0-5,4	large 5,5-5,8
Continentales	1	2	3	4	5

COSTUMES D'HOMMES ET PARDESSUS

Américaines	36	38	40	42	44	46
Britanniques	36	38	40	42	44	46
Continentales	46	48	50	52	54	56

CHEMISES

Américaines	14	14½	15	15½	16	16½	17
Britanniques	14	14½	15	15½	16	16½	17
Continentales	36	37	38	39	41	42	43

CHAUSSETTES

Américaines	9½	10	10½	11	11½
Britanniques	9½	10	10½	11	11½
Continentales	38 39	39 40	40 41	41 42	42 43

CHAUSSURES POUR HOMMES

Américaines	8	8½	9	9½	10	10½	11	11½	12
Britanniques	7	7½	8	8½	9	9½	10	10½	11
Continentales	40	40½	41	41½	41	42½	43	43½	44

CHAUSSURES POUR ENFANTS

Américaines	0	1	2	3	4	5	5½	6	7	8	9
Européennes	16	17	18	19	20	21	22	23	24	25	26

Américaines	10	10½	11	12	13	13½	1	2	3	4
Européennes	27	28	29	30	31	32	33	34	35	36

LES VÊTEMENTS D'ENFANTS

Américaines		4	6	8	10	12	14
Britanniques	Hauteur (po)	43	48	55	58	60	62
	Âge	4-5	6-7	9-10	11	12	13
Continentales	Hauteur (cm)	125	135	150	155	160	165
	Âge	7	9	12	13	14	15

IMPRIMERIE QUÉBECOR
L'ÉCLAIREUR